U0169475

献给我的儿子班尼特，你每天都带给我新的灵感。

——陈郁如

献给所有爱吃面条的人。

——卡娜 · 乌尔巴诺维奇

方便面是怎样发明的？

［美］陈郁如 / 著

［日］卡娜·乌尔巴诺维奇 / 绘　黄筱茵 / 译

深圳出版社

工作完毕，安藤百福小心地踩着瓦砾堆走回家。

虽然第二次世界大战在一年前
就结束了，但是日本大阪市大部分
地区依旧残破不堪。

对街有许多人沿着人行道排着长长的队伍。
现在是冬天，他们在寒风中瑟瑟发抖。

安藤心想，他们到底在排队等什么呢？

队伍最前端的小棚子升起阵阵炊烟。棚子里的男人在卖拉面。

收成不好、食物配给制和战争都导致粮食短缺，穷人得吃草和树
皮勉强果腹，孤儿们在垃圾堆里翻找能吃的东西。有一点钱的人，经常
排好几个小时的队，买一碗贵得离谱的拉面。

安藤回到家，可是他忘不了饥饿的人们。安藤知道，只有所有人都吃饱，世界才能和平无忧。他决定了，食物就是他这辈子的事业。

他开始制盐；他捕鱼，把鱼晒干；他为病弱的人制作有营养的食物。安藤研发每项新产品、开始每项新工作，或者开展每项新事业时，都想起饥饿的人们排队的模样。十年过去了，他依然不断想起他们。后来，安藤的一项事业让他赔了很多钱，他身无分文。这个时候，安藤再度想起那些瘦弱饥饿的人。

他心想，要是所有人想吃面就能吃到，不是很美好吗？再也不必在寒风中排队等待，再也不必忍受高价，再也不必饿肚子。他梦想着发明一种拉面，它和其他的面不一样，比其他的面营养更丰富。安藤在自家后院的小屋子里，把面粉、盐和水拌在一块儿。

他把蛋加进去。

他把奶粉加进去。

他甚至连菠菜都加进去了！

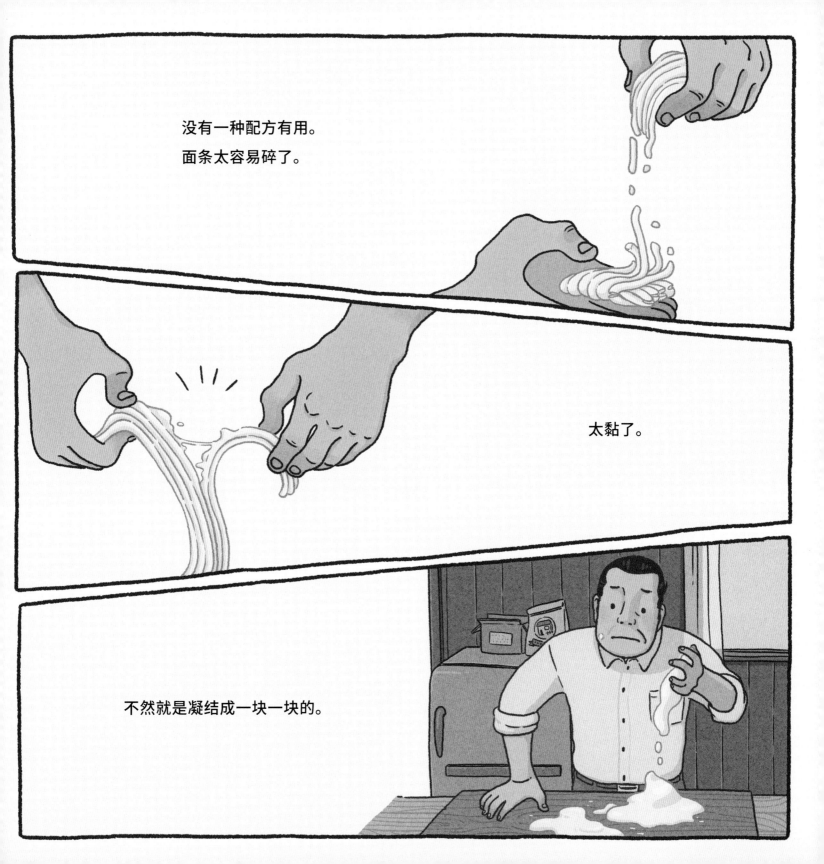

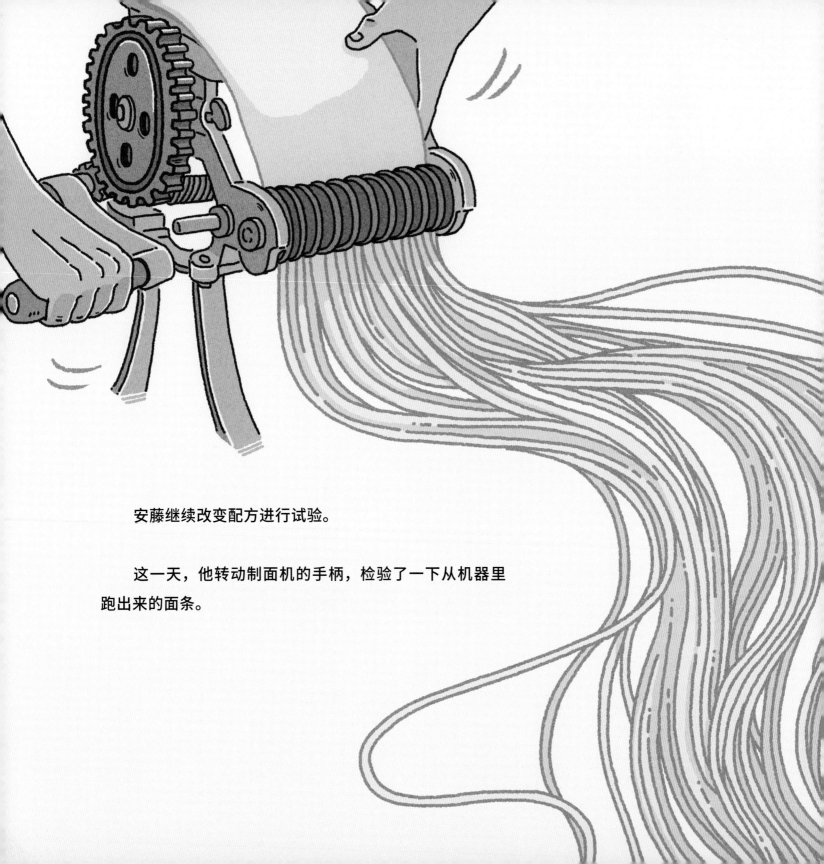

安藤继续改变配方进行试验。

　　这一天，他转动制面机的手柄，检验了一下从机器里
跑出来的面条。

这些面条没有碎，不会太黏，也没有凝结成一块一块的。这个配方刚刚好！

安藤明白了，
准备食材的关键，就是比例均衡。

可是拉面怎么可以没有汤呢？

安藤想起那些饥寒交迫的人。

鸡汤可以让他们的身子暖起来，可是熬鸡汤得花上好几个钟头。

他的拉面既要很美味，也要方便烹煮。只要加热水，就会泡出面条的味道，让面汤变成热腾腾的鸡汤。

安藤继续试验。

他用鸡汤和面，做成面团。

他在面条上刷一层调味料。

他把面条沾上汤汁。

安藤继续试验不同的办法。

有一天，他用浇水壶装了汤，洒在面条上，再甩松这些面条，把面条弄散。

沾过汤的面条干了。这就是正确的步骤呀！

他在干燥的面条上加热水，再搅拌面条。现在喝起来像汤了！

可是面条太硬了，还是得放在炉子上煮。

安藤想起那些疲惫又饥饿的人。他希望自己的拉面吃起来既快速又方便，只需要用热水，几分钟就能泡好。人们在"任何地方，任何时刻"都能制作出来。

日复一日，安藤不断继续他的试验。

夜以继日，他不断失败。

一个月过去了，又一个月过去了，他继续尝试。

可是没有任何方法管用。

一天晚上，安藤看到太太仁子在炸天妇罗。

她把蔬菜和海鲜都裹上面糊，放进热油里炸。面糊里的水分蒸发，在酥脆的面衣上留下一个个小洞。

安藤盯着天妇罗看。

面糊是由面粉和水制成的，就跟他

的面条一样……

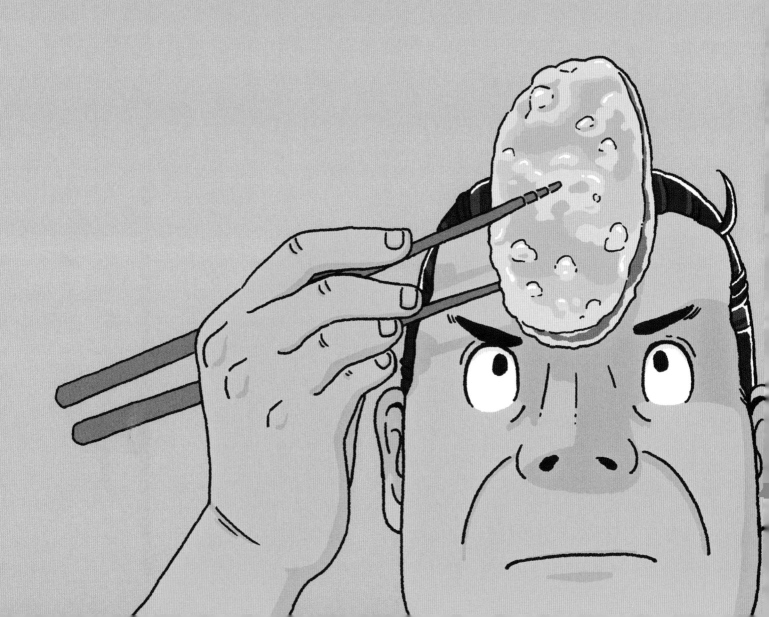

"成功啦！"他喊着，"就是这样！"
他冲到小屋，把面条放入一锅热油里。

面条发出嘶嘶声，

发出啵啵声，

变得脆脆的。

安藤把炸过的面条从锅里捞出来，
放进碗里。他在碗里加入热水，然后等待，
水渗进小小的洞里，面条变软了。

两分钟后，他用筷子搅动碗里的面条，呼噜呼噜地吸着面条。现在面条既柔软又有嚼劲，漂浮在热乎乎的美味面汤里。

安藤认真工作，努力生产更多方便烹煮的拉面并销售。全家人投入工作中：仁子、和子、宏基，就连小明美都一起帮忙。

安藤示范给大家看。
他倒进热水。

等待两分钟。

"魔法拉面!"惊讶的
顾客们大喊着,"是魔法
拉面!"

* 第一包方便面在日本诞生,包装上的日文
意思是:日清牌即食鸡汤拉面。

很快，大家都在吃安藤的拉面了。

穷人。

孩子。

忙碌的工人。

就连日本皇室的人也一样!

安藤的拉面有营养，美味又方便。瘦弱、寒冷、疲惫、饥饿的人吃了他的面，感觉好多了。

安藤露出微笑，说："吃饱了才会有和平。"从此以后，安藤和他在后院的发明促进了和平，用一碗又一碗面打造出来的和平。

作者的话

安藤百福，姓"安藤"，名"百福"。这个故事为什么从头到尾称他为"安藤"呢？这是因为日本人经常以姓氏相称，名字只用来称呼小朋友，或是用在家庭成员和亲近的朋友之间。

后记

安藤百福看见饥饿的人们排着长长的队伍时，他看见的是一个他希望能够满足和填补的需求。历经许多年，他始终梦想能创造出一种新食物，滋养人民，减轻他们的痛苦。多亏了他充满创意的想法与毅力，梦想才得以实现。1958年，也就是在拉面摊看见那些饥饿的人十二年后，他发明了鸡汤拉面，也就是最初的方便面。

安藤百福1910年出生在中国台湾，年轻时就去了日本。他发明的方便面为饥饿的人们提供了宝贵的营养和热量。起初方便面卖得并不是很好，因为鸡汤拉面的价格比一碗现煮的面还贵。可是大家都喜欢它的快速简便。不久后，方便面变得比较流行，售价也降低了。安藤创立的日清食品公司在全世界售卖方便面。他们也提供好几百万包方便面给许多国家的贫困人民，还有那些因为地震、台风、战争和其他灾害而流离失所的人。

安藤持续研究能制作出更营养的方便面的新方式。他在鸡汤拉面顶端留了一个洞，这样在烹煮面条时，也可以同时轻松地煮一个蛋。他也在面里加入维生素与冷冻干燥蔬菜。最近日清公司改良了配方，减少或用其他成分代替盐、人工香料、味精和防腐剂。

安藤终其一生都在发明创造。他发明了杯面——可以直接用自带的容器烹调的面，连碗都不需要了！91岁时，安藤还发明了太空拉面——可以在无重力状态下食用的方便面。2005年，也就是安藤过世前两年，日本航天员野口聪一成为首位在外太空吃拉面的人。安藤的方便面不只是"魔法"，也是这个世界上最棒的事物之一！

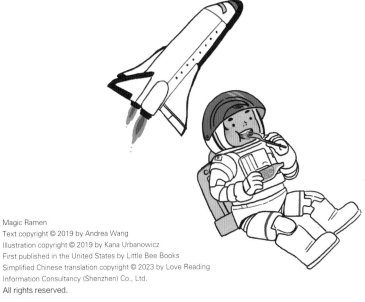

Magic Ramen
Text copyright © 2019 by Andrea Wang
Illustration copyright © 2019 by Kana Urbanowicz
First published in the United States by Little Bee Books
Simplified Chinese translation copyright © 2023 by Love Reading
Information Consultancy (Shenzhen) Co., Ltd.
All rights reserved.

版权登记号 图字：19-2022-191 号

本书简体中文版权经Little Bee Books授予心喜阅信息咨询（深圳）
有限公司，由深圳出版社独家出版发行。版权所有，侵权必究。

图书在版编目（CIP）数据

方便面是怎样发明的？ /（美）陈郁如著；（日）卡娜·乌尔巴诺维奇绘；
黄筱茵译. -- 深圳：深圳出版社，2023.3（2024.6 重印）
ISBN 978-7-5507-3717-4

Ⅰ. ①方… Ⅱ. ①陈… ②卡… ③黄… Ⅲ. ①方便面 - 普及读物
Ⅳ. ① TS217.1-49

中国国家版本馆 CIP 数据核字（2023）第 002471 号

方便面是怎样发明的？
FANGBIANMIAN SHI ZENYANG FAMING DE?

[美]陈郁如 / 著　[日]卡娜·乌尔巴诺维奇 / 绘　黄筱茵 / 译

出 品 人：聂雄前
策划编辑：周　杰
责任编辑：何廷俊
责任技编：陈洁霞
责任校对：熊　星
装帧设计：胡馨予
出版发行：深圳出版社
地　　址：深圳市彩田南路海天综合大厦（518033）
网　　址：www.htph.com.cn

印　　刷：深圳市福圣印刷有限公司
开　　本：889mm×1194mm　1/16
印　　张：2.5
字　　数：38 千字
版　　次：2023 年 3 月第 1 版　2024 年 6 月第 3 次印刷
书　　号：ISBN 978-7-5507-3717-4
定　　价：49.00 元

策划 / 心喜阅信息咨询（深圳）有限公司　　http://www.lovereadingbooks.com
咨询热线 / 0755-82705599　　　　销售热线 / 027-87396822

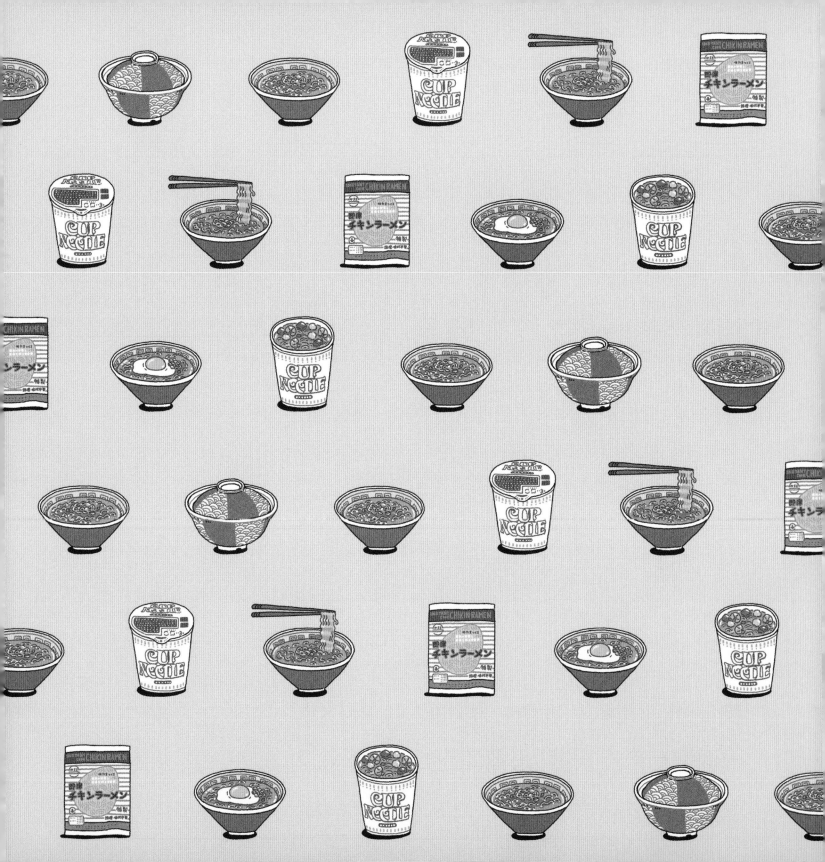